U0215024

◎ 锐扬图书 编

# 家装风格设计
## 选材与预算

# 欧式奢华

海峡出版发行集团 | 福建科学技术出版社
THE STRAITS PUBLISHING & DISTRIBUTING GROUP | FUJIAN SCIENCE & TECHNOLOGY PUBLISHING HOUSE

**图书在版编目（CIP）数据**

家装风格设计选材与预算.欧式奢华/锐扬图书编.—福州：福建科学技术出版社，2018.1（2018.6重印）

ISBN 978-7-5335-5499-6

Ⅰ.①家… Ⅱ.①锐… Ⅲ.①住宅—室内装饰设计—图集②住宅—室内装饰—装饰材料—图集③住宅—室内装饰—建筑预算定额—图集 Ⅳ.① TU241-64 ② TU56-64 ③ TU723.3-64

中国版本图书馆 CIP 数据核字（2017）第 288856 号

| | |
|---|---|
| 书　　名 | 家装风格设计选材与预算　欧式奢华 |
| 编　　者 | 锐扬图书 |
| 出版发行 | 海峡出版发行集团 |
| | 福建科学技术出版社 |
| 社　　址 | 福州市东水路76号（邮编350001） |
| 网　　址 | www.fjstp.com |
| 经　　销 | 福建新华发行（集团）有限责任公司 |
| 印　　刷 | 福建彩色印刷有限公司 |
| 开　　本 | 889毫米 ×1194毫米　1/16 |
| 印　　张 | 8 |
| 图　　文 | 128 码 |
| 版　　次 | 2018 年 1 月第 1 版 |
| 印　　次 | 2018 年 6 月第 2 次印刷 |
| 书　　号 | ISBN 978-7-5335-5499-6 |
| 定　　价 | 39.80 元 |

书中如有印装质量问题，可直接向本社调换

深啡网纹大理石/002

镜面锦砖/008

米黄洞石/015

白枫木饰面板/022

黑色镜面玻璃/030

石膏顶角线/036

雕花银镜/040

罗马柱/046

黑晶砂大理石/052

米色人造大理石/060

箔金壁纸/066

石膏板装饰浮雕/071

车边银镜/078

松木板吊顶/084

铁艺隔断/091

雕花磨砂玻璃/098

皮革软包/105

肌理壁纸/108

羊毛地毯/114

皮纹砖/123

# 电视墙

1 印花壁纸

2 车边银镜

3 陶瓷锦砖

4 白色抛光墙砖

5 白枫木装饰线

6 皮革软包

7 白色人造石踢脚线

① 爵士白大理石

② 皮革软包

③ 车边银镜

④ 白枫木饰面板

⑤ 深啡网纹大理石

⑥ 云纹大理石

⑦ 木质花格

深啡网纹大理石以浅褐、深褐与丝丝浅白色花纹错综交替，呈现纹理鲜明的网状效果，质感极强，立体层次感强，诠释庄重沉稳之风。白色纹理如水晶般剔透，装饰效果极佳。石材本身具有较高的强度和硬度，还有它的耐磨性和持久性，深受室内设计师的青睐。

参考价格：规格 800 毫米 ×800 毫米 120~180 元 / 片

① 木质花格贴茶镜

② 印花壁纸

③ 米黄色亚光玻化砖

④ 铁锈黄大理石

⑤ 雕花茶镜

⑥ 米黄网纹大理石

⑦ 艺术地毯

## 欧式风格的常用元素

1. 罗马柱。罗马柱是欧式风格最常用、最典型的元素。爱奥尼克式罗马柱拥有纤细的柱身和精致的曲线，应用较为广泛。

2. 腰线。欧式古典风格中腰线以下常用软包装饰，现代家庭则多使用护墙板。

3. 壁炉。壁炉在较大的户型，尤其是别墅中比较常用。客厅面积较小的话，用壁炉装饰反而容易显得窘迫。

4. 精美的枝形吊灯或水晶灯。枝形吊灯尤其是铜质的枝形吊灯或水晶灯是欧式风格不可或缺的元素，流光溢彩的效果是欧式奢华完美的诠释。

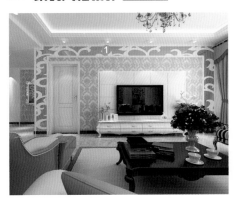

❶ 雕花茶镜

❷ 米白色网纹人造大理石

❸ 雕花银镜

❹ 车边银镜

❺ 皮革软包

❻ 直纹斑马木饰面板

❼ 云纹大理石

① 车边银镜

② 皮革软包

③ 米色玻化砖

④ 箔金壁纸

⑤ 浅啡网纹大理石

⑥ 云纹大理石

⑦ 雕花银镜

❶ 印花壁纸

❷ 深啡网纹大理石

❸ 白枫木饰面板

❹ 镜面锦砖

❺ 白枫木装饰线

❻ 茶色烤漆玻璃

❼ 米色亚光玻化砖

❶ 白枫木饰面板

❷ 雕花银镜

❸ 皮革软包

❹ 肌理壁纸

❺ 车边银镜

❻ 中花白大理石

❼ 车边茶镜

① 米色人造大理石

② 艺术地毯

③ 皮革软包

④ 雕花银镜

⑤ 木质装饰线描银

⑥ 中花白大理石

⑦ 镜面锦砖

▶ 镜面锦砖的外观有无色透明的、着色透明的、半透明的，还有带金色、咖啡色的。镜面锦砖具有色调柔和、朴实、典雅、美观、大方、化学稳定性强、冷热稳定性好等优点，而且还有不变色、不积尘、重量轻、黏结牢等特性。由于反光性强，镜面锦砖常用来装饰背景墙等，是目前较受欢迎的安全环保建材。镜面锦砖算是最小巧的装修材料，可能的组合非常多，一般采用纯色或点缀的铺贴手法。

参考价格：规格 320 毫米 ×320 毫米 ×8 毫米 58~180 元/片

❶ 有色乳胶漆

❷ 车边银镜

❸ 中花白大理石

❹ 爵士白大理石

❺ 米色亚光玻化砖

❻ 装饰银镜

❼ 米黄色抛光墙砖

## 欧式风格电视墙的特点

　　欧式风格电视墙或奢华、富丽，或简单、抽象、明快，再配合白色或其他流行色，能营造出客厅的美好氛围。欧式风格的电视墙通常位于墙面的中心位置，可用大理石、实木、软装饰或壁纸等材料进行装饰。现代的许多家居装饰风格都源自欧洲，喜欢欧式浪漫风格的人，可以把电视墙设计成壁炉造型，在墙面上搭配出富有个性的软装或者配饰品，这样会有出彩的效果，令人眼前一亮。

❶ 爵士白大理石
❷ 艺术墙砖
❸ 浅啡色网纹玻化砖
❹ 白色乳胶漆
❺ 石膏装饰线
❻ 印花壁纸
❼ 木质踢脚线

① 印花壁纸

② 白枫木饰面板

③ 米黄大理石

④ 车边银镜

⑤ 雕花茶镜

⑥ 木质装饰线描金

⑦ 白色人造石踢脚线

① 云纹大理石

② 印花壁纸

③ 白枫木饰面板

④ 米黄网纹大理石

⑤ 艺术地毯

⑥ 铁锈黄大理石

⑦ 米色网纹玻化砖

① 米色大理石

② 印花壁纸

③ 白枫木装饰线

④ 有色乳胶漆

⑤ 米色人造大理石

⑥ 镜面锦砖

⑦ 中花白大理石

❶ 木质花格贴茶镜

❷ 镜面锦砖

❸ 中花白大理石

❹ 黑白根大理石

❺ 银镜装饰线

❻ 有色乳胶漆

❼ 文化砖

洞石是因为石材的表面有许多孔洞而得名，其石材的学名是凝灰石或石灰华，一般将其归为大理石类。洞石的色调以米黄色居多，它使人感到温和，质感丰富，条纹清晰，用其装饰的建筑物常有强烈的文化和历史韵味。洞石具有良好的加工性、隔声性和隔热性，是优异的建筑装饰材料；洞石的质地细密，加工适应性高，硬度小，容易雕刻，适合作雕刻用材和异形用材；洞石的颜色丰富，纹理独特，更有特殊的孔洞结构，有着良好的装饰性能。

参考价格：规格 600 毫米 ×600 毫米  65~120 元 / 块

❶ 装饰银镜
❷ 米色洞石
❸ 黑色烤漆玻璃
❹ 木质花格贴黑镜
❺ 皮革软包
❻ 印花壁纸
❼ 车边茶镜

❶ 肌理壁纸

❷ 中花白大理石

❸ 有色乳胶漆

❹ 密度板拓缝

❺ 车边银镜

❻ 实木雕花

❼ 云纹大理石

① 直纹斑马木饰面板

② 米黄大理石

③ 雕花茶镜

④ 云纹大理石

⑤ 车边银镜

⑥ 车边茶镜

⑦ 镜面锦砖

## 如何选购大理石

1. 检查外观质量。不同等级的大理石板材的外观有所不同。有的板材的板体不丰满（翘曲或凹陷），板体有缺陷（裂纹、砂眼、色斑等），板体规格不一（缺棱角、板体不正）等。

2. 挑选花纹色调。大理石板材色彩斑斓，色调多样，花纹无一相同，这正是大理石板材名贵之所在。

3. 检测表面光泽度。大理石板材表面的光泽度会极大地影响装饰效果。一般来说，优质大理石板材的抛光面应具有镜面一样的光泽，能清晰地映出景物。但不同品质的大理石由于化学成分不同，即使是同等级的产品，其光泽度的差异也会很大。

4. 大理石板材的强度、吸水率也是评价大理石质量的重要指标。

❶ 印花壁纸
❷ 车边银镜
❸ 米白色人造大理石
❹ 木质花格贴灰镜
❺ 陶瓷锦砖
❻ 仿古砖
❼ 有色乳胶漆

1 实木雕花描银贴银镜
2 人造大理石
3 艺术地毯
4 爵士白大理石
5 米黄网纹大理石波打线
6 米黄洞石
7 车边茶镜

❶ 米色抛光墙砖

❷ 中花白大理石

❸ 米黄网纹大理石

❹ 皮纹砖

❺ 米黄色网纹亚光玻化砖

❻ 印花壁纸

❼ 黑色烤漆玻璃

❶ 皮革软包

❷ 大理石踢脚线

❸ 米黄大理石

❹ 白枫木饰面板

❺ 布艺软包

❻ 车边银镜

❼ 米白色网纹大理石

❶ 肌理壁纸

❷ 密度板拓缝

❸ 红樱桃木饰面板

❹ 砂岩浮雕

❺ 印花壁纸

❻ 皮革软包

❼ 白枫木饰面板

▶ 白枫木饰面板给人纤尘不染、简单脱俗、自然简约的感觉。白枫木饰面板可以使小巧的房间看起来整洁、不拥挤，非常适用于浅色调家居装饰和纯白、纯蓝的地中海风格。白枫木纹理美丽多变、细腻，木材韧性佳，软硬适中，能突出安静、高雅、实用的风格。

参考价格：规格 1220 毫米 ×2440 毫米 ×18 毫米 180~200 元

1 印花壁纸

2 热熔玻璃

3 米黄大理石

4 皮革软包

5 木质踢脚线

6 白枫木装饰线

7 仿木纹地砖

1 箔金壁纸

2 陶瓷锦砖

3 白枫木饰面板

4 茶色镜面玻璃

5 中花白大理石

6 不锈钢条

7 印花壁纸

❶ 白枫木饰面板

❷ 米色大理石

❸ 米白色网纹大理石

❹ 木质踢脚线

❺ 金刚板

❻ 印花壁纸

❼ 有色乳胶漆

❶ 白枫木饰面板

❷ 仿斑马纹壁纸

❸ 米黄色网纹玻化砖

❹ 白枫木装饰线

❺ 车边灰镜

❻ 云纹大理石

❼ 米色人造大理石

## 如何选购人造石材

① 木质花格贴银镜

② 车边茶镜

③ 茶色镜面玻璃

④ 白枫木装饰线

⑤ 云纹大理石

⑥ 大理石踢脚线

⑦ 大理石拼花

1. 观。在选购人造石材的时候，可以用眼睛来查看样品的颜色，如果颜色清纯而不混浊，表面没有类似塑料胶质的感觉，用眼看板材的反面也没有细小气孔，这样的人造石材质量比较好。

2. 摸。在选择人造石材的时候，人们都会用手来摸样品的表面是否有丝绸感，是否有明显的高低不平感。如果用手摸到的是涩感，而且还明显感觉到高低不平，就说明人造石材的质量不佳。

3. 闻。挑选人造石材的时候，还可以闻闻人造石材是否有刺鼻的化学气味。如果可以闻到一些气味的话，就表明这款人造石材存在污染，不能购买。

4. 拭。可以在挑选人造石材的时候，用自己的手指甲划石材的表面，看看有无明显的划痕。或者随机抽取两块相同的样品相互敲击，观看石材是否有破碎。没有明显划痕或者不易破碎的人造石材是最佳的选材。

❶ 银镜装饰线

❷ 米黄大理石

❸ 深啡网纹大理石

❹ 红樱桃木饰面板

❺ 车边茶镜

❻ 茶色烤漆玻璃

❼ 直纹斑马木饰面板

① 米色网纹大理石

② 红樱桃木饰面板

③ 木纹墙砖

④ 印花壁纸

⑤ 白枫木装饰线

⑥ 米黄大理石

⑦ 米黄色网纹玻化砖

1 米黄大理石

2 车边灰镜

3 皮纹砖

4 木质花格贴银镜

5 深啡网纹大理石

6 黑色镜面玻璃

7 皮革软包

▶ 黑色镜面玻璃主要用作装饰用镜。其黑色的外观能体现出庄重、神秘的气质因而被广大爱好者所青睐。黑色镜面玻璃的安装工艺：清理基层—钉木龙骨架—钉衬板—固定玻璃。注意，玻璃厚度应为5~8毫米。安装时严禁锤击和撬动，若不合适应取下重新安装。

参考价格：70~130元/平方米

① 装饰银镜
② 白枫木装饰线
③ 印花壁纸
④ 白枫木饰面板
⑤ 茶色镜面玻璃
⑥ 木纹大理石
⑦ 黑白根大理石波打线

❶ 铂金壁纸

❷ 车边茶镜

❸ 皮革软包

❹ 米色网纹大理石

❺ 印花壁纸

❻ 白色玻化砖

❼ 白桦木饰面板

❶ 中花白大理石

❷ 仿皮纹抛光墙砖

❸ 印花壁纸

❹ 爵士白大理石

❺ 车边茶镜

❻ 石膏板拓缝

❼ 雕花银镜

❶ 陶瓷锦砖拼花

❷ 印花壁纸

❸ 木纹大理石

❹ 车边茶镜

❺ 仿木纹壁纸

❻ 木质装饰线描银

❼ 有色乳胶漆

❶ 白枫木饰面板
❷ 皮革硬包
❸ 白枫木装饰线
❹ 仿古壁纸
❺ 艺术墙砖
❻ 茶色烤漆玻璃
❼ 米色网纹大理石

## 如何选购水晶玻璃锦砖

1. 有条纹等装饰的玻璃锦砖，其条纹等装饰物分布面积应占总面积的20%以上，且分布均匀。

2. 单块玻璃锦砖的背面应有锯齿状或阶梯状沟纹，以确保铺贴牢固。

3. 所用胶粘剂除保证粘贴强度外，还应易于从玻璃锦砖上擦洗掉，所用胶粘剂不能损坏背纸或使玻璃锦砖变色。

4. 在自然光线下，距锦砖40厘米左右高度目测其有无裂纹、疵点及缺边、缺角等。

5. 随机抽取九联玻璃锦砖组成正方形，平放在光线充足的地方，在距其1.5米处目测其光泽是否均匀。

① 皮革软包
② 米黄大理石
③ 羊毛地毯
④ 泰柚木饰面板
⑤ 印花壁纸
⑥ 白枫木装饰线
⑦ 有色乳胶漆

▶ 石膏顶角线成45°斜角连接,用胶进行拼接,并用防锈螺钉固定。防锈螺钉打入石膏线内,并用腻子抹平。相邻石膏花饰的接缝用石膏腻子填满抹平,螺丝孔用白石膏抹平,等石膏腻子干燥后,由油工进行修补、打平。严防石膏花饰遇水而受潮、变质、变色。石膏装饰线应平整、顺直,不得有弯形、裂痕、污痕等现象。

参考价格:规格 2500 毫米 12~18 元 / 根

❶ 白枫木装饰线

❷ 白枫木饰面板

❸ 米黄色网纹玻化砖

❹ 布艺软包

❺ 车边银镜

❻ 印花壁纸

❼ 中花白大理石

❶ 装饰银镜

❷ 白枫木饰面板

❸ 木质花格贴银镜

❹ 米白色人造大理石

❺ 黑色镜面玻璃

❻ 米白色亚光墙砖

❼ 印花壁纸

# 客 厅

❶ 石膏板浮雕

❷ 米黄色玻化砖

❸ 皮革软包

❹ 白枫木装饰线

❺ 箔金壁纸

❻ 镜面锦砖

❼ 印花壁纸

▶ 雕花镜面的画面绚丽不失清雅，生动不失精致，超凡脱俗，美轮美奂。其别具一格的造型，丰富亮丽的图案，灵活变幻的纹路，抑或充满古老的东方韵味，抑或释放出西方的浪漫情怀。艺术玻璃融入现代室内装潢的气氛，与色彩和周围的设计要素以及现代人的生活经验更完整、更和谐地结合在一起。

参考价格：600~900 元 / 平方米

❶ 雕花银镜

❷ 米色网纹大理石

❸ 米黄色亚光玻化砖

❹ 装饰茶镜

❺ 密度板拓缝

❻ 雕花茶镜

❼ 砂岩浮雕

❶ 米黄大理石

❷ 艺术地毯

❸ 有色乳胶漆

❹ 木质踢脚线

❺ 手绘墙饰

❻ 白枫木装饰线

❼ 仿古砖

## 欧式风格的常用色彩

一般来说，欧式风格力求体现奢华的氛围，因此会大量地使用棕色系或黄色系来作为客厅空间的背景色。运用不同明度的黄色来渲染空间氛围，营造出富丽堂皇的空间氛围。除此之外，墨绿色、香槟色、湖蓝色、紫色等相对华丽的色彩，也是欧式风格空间配色中经常用到的颜色。

❶ 米色网纹大理石
❷ 车边茶镜
❸ 爵士白大理石
❹ 白枫木装饰线
❺ 车边银镜
❻ 皮革软包
❼ 米色玻化砖

❶ 皮革软包

❷ 茶色镜面玻璃

❸ 木质花格

❹ 箔金壁纸

❺ 米色网纹大理石

❻ 水曲柳饰面板

❼ 米黄大理石

❶ 米色网纹大理石

❷ 米黄色网纹玻化砖

❸ 深啡网纹大理石

❹ 木纹大理石

❺ 米黄网纹大理石

❻ 艺术地毯

❼ 黑白根大理石波打线

① 白枫木饰面板

② 艺术地毯

③ 木纹大理石

④ 银镜装饰线

⑤ 米白色玻化砖

⑥ 车边银镜

⑦ 印花壁纸

❶ 白枫木装饰线
❷ 印花壁纸
❸ 米色玻化砖
❹ 云纹大理石
❺ 米色网纹大理石
❻ 石膏装饰浮雕
❼ 艺术地毯

罗马柱包含圆柱和方柱，分为光面型、线条型、雕塑型和镂空型等。光面型柱在建筑上给人以明朗、大气的感觉，显得大方。线条型柱具备特有的罗马柱般的装饰线，简洁明快，流露出古老的文明气息，给人一种错落有致的感觉。雕塑型柱给人一种雍容华贵的感觉，在现代人的审美观念中，大量使用了雕塑型构件的建筑。镂空型柱是最难制作的一种罗马柱，多以各种艺术雕花为主，其纹理之间大部分为镂空的。

参考价格：大理石罗马柱 6800～7500 元 / 对

❶ 条纹壁纸

❷ 云纹大理石

❸ 胡桃木饰面板

❹ 车边银镜

❺ 米色网纹抛光墙砖

❻ 白枫木装饰线

❼ 艺术地毯

## 如何设计欧式客厅

　　欧式装修强调以华丽的装饰、浓烈的色彩、精美的造型来达到雍容华贵的装饰效果。欧式客厅顶部多用大型灯池，并用华丽的枝形吊灯营造气氛。门窗上半部多做成圆弧形，并用带有花纹的石膏线勾边。入厅口处多竖有两根豪华的罗马柱，室内则设有壁炉。墙面多选用壁纸，或选用优质乳胶漆，以烘托豪华效果。地面材料以石材或地板为佳。欧式客厅经常用家具和软装饰来营造整体效果。深色的橡木或枫木家具，色彩鲜艳的布艺沙发，都是欧式客厅里的主角。还有浪漫的罗马帘、精美的油画、制作精良的雕塑工艺品，都是营造欧式风格不可缺少的元素。但需要注意的是，这类风格的装修，只有在面积较大的房间内才会达到最佳效果。

❶ 铂金壁纸
❷ 布艺软包
❸ 艺术地毯
❹ 装饰银镜
❺ 米黄洞石
❻ 镜面锦砖
❼ 米色大理石

① 木质花格贴灰镜

② 米色网纹亚光墙砖

③ 云纹大理石

④ 中花白大理石

⑤ 皮纹砖

⑥ 印花壁纸

⑦ 仿木纹地砖

❶ 印花壁纸

❷ 艺术地毯

❸ 米色网纹玻化砖

❹ 白枫木装饰线

❺ 装饰银镜

❻ 仿木纹壁纸

❼ 铂金壁纸

❶ 白枫木饰面板

❷ 米黄网纹大理石

❸ 雕花茶镜

❹ 胡桃木饰面板

❺ 艺术墙砖

❻ 仿古砖

❼ 艺术地毯

黑晶砂大理石无论是用作厨房、吧台台面，还是做成石板、地砖，其效果都是出乎意料地好，而且比起天然装饰石材和人造石，其价格方面的优势更是显而易见。保养方面，大理石橱柜台面容易染污，清洁时应少用水，定期以微湿且带有温和洗涤剂的布擦拭，然后用清洁的软布擦干、擦亮。

参考价格：380~600 元 / 平方米

❶ 车边银镜

❷ 皮革硬包

❸ 印花壁纸

❹ 装饰银镜

❺ 仿洞石玻化砖

❻ 米白色大理石

❼ 木质花格

❶ 箔金壁纸

❷ 艺术地毯

❸ 印花壁纸

❹ 装饰银镜

❺ 皮革软包

❻ 云纹大理石

❶ 米黄色亚光墙砖

❷ 米黄大理石

❸ 车边银镜

❹ 布艺软包

❺ 云纹大理石

❻ 装饰银镜

❼ 艺术地毯

❶ 白枫木装饰线

❷ 艺术地毯

❸ 米白色亚光玻化砖

❹ 印花壁纸

❺ 米黄色玻化砖

❻ 金刚板

❼ 陶瓷锦砖

❶ 米黄色人造大理石

❷ 白枫木装饰线

❸ 车边银镜

❹ 有色乳胶漆

❺ 艺术地毯

❻ 木质花格

❼ 米白色玻化砖

❶ 爵士白大理石

❷ 深啡网纹大理石波打线

❸ 米色玻化砖

❹ 中花白大理石

❺ 艺术地毯

❻ 车边银镜

❼ 布艺硬包

## 如何选择合适的客厅地砖规格

依据居室面积大小来挑选地砖：一般如果客厅面积在 30 平方米以下，考虑用 600 毫米 × 600 毫米的规格；如果客厅面积在 30 ～ 40 平方米，可以考虑选用 600 毫米 ×600 毫米或 800 毫米 ×800 毫米的规格；如果客厅面积在 40 平方米以上，就可考虑用 800 毫米 ×800 毫米的规格。如果客厅被家具遮挡的地方多，也应考虑用规格小一点的。就铺设效果而言，以地砖能全部整片铺贴为好，就是指到边尽量不裁砖或少裁砖，尽量减少浪费。一般而言，地砖规格越大，浪费也越多。最后也要考虑装修费用问题：对于同一品牌同一系列的产品来说，地砖的规格越大，相应的价格也会越高，因此，不要盲目追求大规格产品。

❶ 米黄洞石

❷ 印花壁纸

❸ 米黄色玻化砖

❹ 米黄大理石

❺ 有色乳胶漆

❻ 白枫木装饰线

❼ 皮革软包

1 米黄大理石

2 大理石踢脚线

3 印花壁纸

4 木质装饰线描银

5 白色乳胶漆

6 直纹斑马木饰面板

7 艺术地毯

❶ 木质踢脚线

❷ 黑白根大理石波打线

❸ 米黄大理石

❹ 啡金花大理石

❺ 箔金壁纸

❻ 条纹壁纸

❼ 红樱桃木饰面板

▶ 人造大理石具有重量轻、强度高、耐腐蚀、耐污染、施工方便等特点。而且其花纹图案可人为控制，是现代建筑理想的装饰材料。米色系的人造大理石能使室内空间显得宁静、平稳，更能使室内空间温馨不失雅致。

参考价格：规格 800 毫米 ×800 毫米 120~200 元 / 片

❶ 装饰壁布

❷ 布艺软包

❸ 艺术地毯

❹ 印花壁纸

❺ 茶色烤漆玻璃

❻ 白枫木装饰线

❼ 镜面锦砖

❶ 陶瓷锦砖
❷ 石膏板肌理造型
❸ 艺术地毯
❹ 米黄网纹大理石
❺ 米色玻化砖
❻ 白枫木饰面板
❼ 印花壁纸

❶ 箔金壁纸

❷ 中花白大理石

❸ 浅啡网纹大理石

❹ 米色人造大理石

❺ 深啡网纹大理石波打线

❻ 米色玻化砖

❼ 装饰银镜

❶ 装饰银镜

❷ 木质花格

❸ 浅啡网纹大理石

❹ 艺术地毯

❺ 黑金花大理石

❻ 米色大理石

❼ 红樱桃木饰面板

❶ 米色网纹大理石

❷ 不锈钢条

❸ 石膏格栅吊顶

❹ 车边灰镜

❺ 有色乳胶漆

❻ 车边茶镜

❼ 米色玻化砖

## 如何选购复合木地板

1. "三看"：一是看表层厚度如何，厚度决定其使用寿命，表层板材越厚，耐磨损的时间就长，进口优质复合木地板的表层厚度一般在 4 毫米以上。二是看表层材质是否有明显缺陷。三是看地板四周的榫舌和榫槽是否有缺损。

2. "三查"：一是查产品的规格尺寸公差是否与说明书或产品介绍一致，可以用尺子实测或与不同品种相比较。二是查拼接能否严密平整，通过抽查多块地板自行拼装，拼合后观察其榫槽结合是否严密，结合的松紧程度如何，拼接表面是否平整，可以用手摸，也可以拿起两块拼装地板在手中晃，检查是否松动。三是查看所选档次产品的代码，提货后查验包装上的代码是否吻合，因为同一产品档次不同代码也不同，要查清代码避免以次充好。

3. "三试"：一是试验其胶合性能及防水、防潮性能。可以取不同品牌的小块样品浸渍到水中，试验其吸水性和黏合强度如何，浸渍剥离速度越低越好，黏合强度越强越好。二是试验防火性能。将烟火放在表面燃烧，如果不留痕迹说明防火系数较高。三是测试甲醛含量。

❶ 皮革装饰硬包
❷ 艺术地毯
❸ 米色网纹玻化砖
❹ 白色乳胶漆
❺ 布艺软包
❻ 白枫木装饰线
❼ 米黄大理石

在挑选铂金壁纸时，可以用手直接触摸壁纸，如果感觉其涂层实度以及左右的厚薄是一致的，则说明其质量比较好。也可以使用微湿的布稍用力擦拭纸面，如果壁纸面出现脱色或者脱层等现象，就表明质量不好。选购时应该根据居室的条件来选择合适的图案。例如，在矮小的房间里，就适合选用典雅、竖条、小花纹的铂金壁纸，以增加房间的视觉感。如果是高大的房间，则适合选用色调活泼的大花纹铂金壁纸来装饰，可以渲染出比较典雅、庄重的气氛，以增加充实感。

参考价格：规格 5.3 平方米 / 卷  150~360 元

❶ 木纹大理石
❷ 车边银镜
❸ 陶瓷锦砖
❹ 密度板拓缝
❺ 米黄色网纹人造大理石
❻ 米色网纹大理石
❼ 木质花格贴茶镜

① 条纹壁纸

② 白枫木饰面板

③ 装饰银镜

④ 实木雕花

⑤ 米黄色网纹亚光墙砖

⑥ 皮革软包

⑦ 印花壁纸

❶ 茶色烤漆玻璃

❷ 陶瓷锦砖

❸ 白枫木装饰线

❹ 箔金壁纸

❺ 印花壁纸

❻ 石膏装饰浮雕

❼ 艺术地毯

❶ 镜面锦砖

❷ 印花壁纸

❸ 布艺软包

❹ 肌理壁纸

❺ 米黄网纹大理石

❻ 磨砂玻璃

❼ 艺术地毯

石膏板浮雕吊顶以造型取胜，区别于普通天花板的制作方法和安装方法，石膏板浮雕吊顶不需要现场点焊和打胶，只需先装上吊杆和龙骨框架，再装上造型天花板，即完成安装。既高贵豪华，又简单方便。各种造型的浮雕，可起到一定的装饰效果，做工简单，成本较低。

参考价格：规格 200 毫米 ×200 毫米 ×15 毫米 80~120 元 / 块

❶ 装饰茶镜

❷ 石膏板浮雕

❸ 米色网纹大理石

❹ 车边茶镜

❺ 石膏格栅吊顶

❻ 米色洞石

❼ 陶瓷锦砖波打线

❶ 车边茶镜

❷ 米白色网纹玻化砖

❸ 白松木板吊顶

❹ 条纹壁纸

❺ 大理石踢脚线

❻ 磨砂玻璃

❼ 石膏格栅吊顶

❶ 米黄网纹大理石

❷ 茶色镜面玻璃

❸ 大理石踢脚线

❹ 装饰银镜

❺ 密度板拓缝

❻ 白枫木装饰线

❼ 金刚板

## 如何选购实木地板

　　1. 检测地板的含水率。我国不同地区对木地板的含水率要求均不同，国家标准所规定的含水率为 10%～15%。购买时先测展厅中选定的木地板的含水率，然后再测未开包装的同材种、同规格的木地板含水率，如果相差在 2% 以内，可认为合格。

　　2. 观测木地板的精度。用 10 块地板在平地上拼装，用手摸、用眼看其加工质量，包括精度、光洁度，是否平整、光滑，榫槽配合、安装缝隙、抗变形槽等拼装是否严紧。

　　3. 检查基材的缺陷。看地板是否有死节、活节、开裂、腐朽、菌变等缺陷。由于木地板是天然木制品，客观上存在色差和花纹不均匀的现象，如若过分追求地板无色差是不合理的，只要在铺装时稍加调整即可。

　　4. 挑选板面、漆面质量。油漆分 UV（紫外线硬化涂料）、PU（聚氨酯涂料）两种。一般来说，含油脂较高的地板如柏木、蚁木、紫心苏木等需要用 PU 漆（聚氨酯涂料），用 UV 漆（紫外线硬化涂料）会出现脱漆、起壳现象。选购时关键看烤漆漆膜的光洁度，以及有无气泡、是否漏漆、耐磨度如何等。

❶ 印花壁纸

❷ 铂金壁纸

❸ 石膏装饰线

❹ 车边茶镜

❺ 云纹大理石

❻ 米色人造大理石

❼ 浮雕壁纸

① 陶瓷锦砖

② 白枫木饰面板

③ 云纹大理石

④ 爵士白大理石

⑤ 布艺装饰硬包

⑥ 车边银镜

⑦ 米色玻化砖

❶ 中花白大理石

❷ 金刚板

❸ 陶瓷锦砖

❹ 装饰灰镜

❺ 米黄色亚光玻化砖

❻ 木质装饰线描金

❼ 印花壁纸

# 餐 厅

❶ 石膏格栅吊顶

❷ 印花壁纸

❸ 白色人造石踢脚线

❹ 白枫木饰面板

❺ 白色亚光玻化砖

❻ 白枫木百叶

❼ 黑白根大理石波打线

车边是指在玻璃或镜子的四周按照一定的宽度，车削一定坡度的斜边，使玻璃或镜面看起来有立体的感觉，或者说有套框的感觉。车边银镜的装饰个性时尚、美轮美奂，为居室装修增添了个性色彩。餐厅或客厅中使用经过巧妙设计的车边银镜，有助于扩展空间感，让视线得到最大程度的延伸。

参考价格：20~500 元 / 平方米

❶ 车边银镜

❷ 白枫木饰面板

❸ 米色亚光玻化砖

❹ 装饰银镜

❺ 木质花格

❻ 车边茶镜

❼ 黑金花大理石波打线

❶ 车边银镜

❷ 深啡网纹大理石波打线

❸ 木质踢脚线

❹ 磨砂壁纸

❺ 仿古砖

❻ 茶色镜面玻璃

❼ 米黄色玻化砖

## 如何设计欧式风格餐厅背景墙的照明

　　欧式风格的餐厅对背景墙灯光的要求比较严格。灯光是营造气氛的主角，餐厅宜采用低色温的白炽灯、奶白灯泡或磨砂灯泡，漫射光，不刺眼，带有自然光感，可以营造出比较亲切、柔和的氛围。而日光灯色温高，在其光照之下物体容易产生偏色，使人的脸看上去苍白、发青，饭菜的色彩也会发生变化。餐厅照明也可以采用混合光源，即将低色温灯和高色温灯结合起来使用，混合照明的效果接近日光，而且光源不单调，可以自由选择。

**1** 车边银镜

**2** 茶色镜面玻璃

**3** 米白色玻化砖

**4** 有色乳胶漆

**5** 磨砂玻璃

**6** 仿木纹壁纸

**7** 米色网纹玻化砖

❶ 车边银镜

❷ 木质踢脚线

❸ 米色网纹玻化砖

❹ 印花壁纸

❺ 仿古砖

❻ 银镜装饰线

❼ 米色大理石

❶ 大理石踢脚线

❷ 车边茶镜

❸ 印花壁纸

❹ 白枫木饰面板

❺ 米色网纹玻化砖

❻ 石膏顶角线

❼ 米色网纹大理石波打线

① 布艺软包

② 黑白根大理石波打线

③ 米色玻化砖

④ 印花壁纸

⑤ 木质踢脚线

⑥ 车边银镜

⑦ 热熔玻璃

松木板看起来相当厚实，用其进行吊顶装饰，给人一种温暖的感觉，且具有环保性和稳定性。因其为实木条直接连接而成，故比大芯板更环保，更耐潮湿。选购时注意木板的厚薄、宽度要一致，纹理要清晰。还应注意木板是否平整，是否起翘。要选择颜色鲜明、略带红色的松木板，若色暗无光泽，则说明是朽木。另外，用手指甲抠木板，如果没有明显的印痕，那么木板的质量应为优等。

参考价格：规格 1200 毫米 ×90 毫米 ×20 毫米 20~40 元 / 片

❶ 松木板吊顶

❷ 仿古砖

❸ 有色乳胶漆

❹ 车边银镜

❺ 艺术地毯

❻ 磨砂玻璃

❼ 米白色玻化砖

❶ 有色乳胶漆

❷ 印花壁纸

❸ 磨砂玻璃

❹ 大理石踢脚线

❺ 茶镜装饰线

❻ 木质搁板

❼ 云纹玻化砖

## 欧式餐厅墙面选材组合

1.壁纸＋烤漆玻璃。这是突显前卫感的一种搭配方式，对墙面面积没有要求，适用于任何大小的餐厅。在对两者进行挑选时，应注意两者要在图案或色彩上有所呼应。

2.壁纸＋石材。这种组合适用于大、中型面积的餐厅，可以使用对比色，也可用同色系，但搭配的比例要适中，否则会有杂乱感。

3.壁纸＋木纹饰面板。这是一种保守的搭配方式，在小面积餐厅使用时，建议只采用两种材质；面积稍微宽敞的餐厅中可以适当加入其他材质，如玻璃、石材、金属等，但总体最好不要超过四种，以免导致繁琐、杂乱的效果。

4.壁纸＋石膏板。这两者在搭配时，如果壁纸的纹理、花色不是特别明显，可以用石膏板做出一些层次感较强的造型，通过两者造型上的对比，墙面会变得活跃起来。

❶ 米黄色大理石

❷ 木质花格

❸ 米黄色网纹亚光玻化砖

❹ 印花壁纸

❺ 大理石踢脚线

❻ 陶瓷锦砖拼花

❶ 皮革软包

❷ 有色乳胶漆

❸ 米色网纹玻化砖

❹ 车边灰镜

❺ 黑白根大理石波打线

❻ 木质花格

❼ 肌理壁纸

❶ 白枫木饰面板

❷ 米黄色网纹玻化砖

❸ 釉面砖

❹ 中花白大理石

❺ 黑白根大理石波打线

❻ 磨砂玻璃

❼ 白枫木装饰立柱

1 印花壁纸

2 白色人造石踢脚线

3 车边银镜

4 米色网纹大理石

5 茶色镜面玻璃

6 木质装饰线描银

7 黑金花大理石波打线

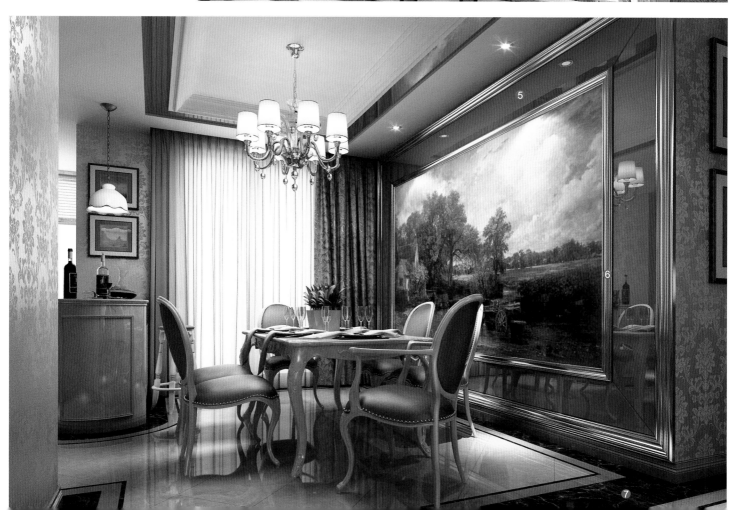

1 有色乳胶漆

2 磨砂玻璃

3 米色网纹亚光玻化砖

4 车边银镜

5 黑金花大理石波打线

6 白枫木装饰线

7 仿古砖

❶ 木纹大理石

❷ 中花白大理石

❸ 白枫木饰面板

❹ 雕花银镜

❺ 仿古砖

❻ 白枫木装饰线

❼ 抛光墙砖

铁艺隔断是用铁作为隔断的材质，做出一些艺术效果，如几何形、花形之类的图案。传统意义上的隔断是指专门分隔室内空间的不到顶的半截立面。而在如今的装修中，常把隔断作为装饰之用，这样的隔断既能打破固有格局，区分不同功能的空间，又能使居室环境富于变化，实现空间之间的相互交流，为居室提供更大的艺术与品位相融合的空间。

**参考价格：根据工艺要求议价**

1 装饰银镜

2 白枫木装饰线

3 浅啡网纹玻化砖

4 木质花格

5 米色玻化砖

6 印花壁纸

7 茶色镜面玻璃

❶ 热熔玻璃
❷ 米黄大理石
❸ 车边灰镜
❹ 车边银镜
❺ 印花壁纸
❻ 车边茶镜
❼ 大理石踢脚线

## 如何选购艺术玻璃

目前市场上销售的艺术玻璃从工艺上大致分为彩绘玻璃和彩雕玻璃两种，加工手法上分为热熔、压铸、冷加工后粘贴等类型。如果艺术玻璃产品采用粘贴的工艺技法，一定要关注粘贴时所采用的胶水和施胶度，鉴别的方法是看粘贴面是否光亮，用胶面积是否饱满。在选购时还要观察玻璃的内部是否有生产时残留的污渍、水渍和黑点。

艺术玻璃的价格与材质、艺术性及厚度有关，价格相差很大。玻璃厚度一般分为 10 毫米以下、10~15 毫米、15 毫米以上三种，在相同的情况下比较，第二种比第一种的价格高 30~50 元／平方米，第三种要比第二种的价格高 50~80 元／平方米。

❶ 印花壁纸
❷ 木质踢脚线
❸ 米黄色亚光玻化砖
❹ 黑金花大理石波打线
❺ 白枫木装饰线
❻ 仿古砖
❼ 米色亚光玻化砖

❶ 木质踢脚线

❷ 茶色镜面玻璃

❸ 车边银镜

❹ 白枫木装饰线

❺ 米色玻化砖

❻ 印花壁纸

❼ 黑白根大理石波打线

❶ 车边灰镜

❷ 白桦木饰面板

❸ 仿古砖

❹ 肌理壁纸

❺ 木质踢脚线

❻ 石膏顶角线

❼ 米色玻化砖

❶ 车边银镜

❷ 木质花格

❸ 木质搁板

❹ 黑金花大理石波打线

❺ 装饰银镜

❻ 拉丝玻璃

❼ 印花壁纸

雕花磨砂玻璃，是一种在磨砂玻璃的基础上雕出丰富图案的一种装饰性很强的艺术玻璃，与普通磨砂玻璃相比更具有立体的感觉。一般用于隔断、屏风、推拉门等处，在现代家居装饰中应用十分广泛。

参考价格：厚12毫米 200~360元/平方米

❶ 印花壁纸
❷ 大理石踢脚线
❸ 车边灰镜吊顶
❹ 装饰银镜
❺ 米色大理石
❻ 白枫木装饰线
❼ 米白色网纹玻化砖

1 装饰银镜

2 白枫木装饰线

3 羊毛地毯

4 有色乳胶漆

5 木质踢脚线

6 白枫木格栅

7 陶瓷锦砖拼花

❶ 米色大理石

❷ 磨砂玻璃

❸ 黑白根大理石波打线

❹ 印花壁纸

❺ 深啡网纹大理石波打线

❻ 车边银镜

❼ 白桦木饰面板

# 卧 室

1 皮革软包

2 白枫木装饰线

3 印花壁纸

4 羊毛地毯

5 白色乳胶漆

6 艺术地毯

## 欧式风格卧室常用的装饰元素

　　欧式风格卧室追求舒适和浪漫，通过柔美的曲线和精致的细节处理，给人们带来惬意的感受。欧式风格卧室有一些常用的装饰元素。

　　1. 变化丰富的角线、壁饰和灯饰。这是欧式风格室内装修的精髓所在。

　　2. 床头背景墙。欧式风格的床头背景墙大多采用部分或全部软包处理，在卧室中营造出温暖华贵的感觉。有的设计在软包两侧镶嵌车边镜，也能在很大程度上增加卧室的视觉层次。

　　3. 床尾长椅。在床尾的部位摆放长椅是欧式风格卧室一个重要的细节。床尾长椅多以胡桃木、樱桃木、榉木等为原料，雕刻卷曲的花纹，有的还有镀铜、镀金、镶嵌大理石等装饰。由于宽度限制，很多设计都省略掉了这个细节。

❶ 木质花格
❷ 皮革软包
❸ 木质踢脚线
❹ 印花壁纸
❺ 装饰银镜
❻ 白枫木饰面板

**1** 木质花格

**2** 印花壁纸

**3** 金刚板

**4** 皮革装饰硬包

**5** 白枫木饰面板

**6** 白枫木百叶

**7** 装饰银镜

❶ 石膏板

❷ 灰镜装饰线

❸ 白枫木饰面板

❹ 箔金壁纸

❺ 印花壁纸

❻ 红樱桃木饰面板

❼ 皮革装饰硬包

皮革软包是一种将室内墙表面用柔性材料加以包装的墙面装饰方法。它所使用的材料质地柔软、色彩柔和，能够柔化整体空间氛围，其纵深的立体感亦能提升家居档次。除了具有美化空间的作用外，皮革软包还具有吸声、隔声、防潮、防霉、抗菌、防水、防油、防尘、防污、防静电、防撞等功能。

参考价格：规格幅面宽 1400 毫米 15~125 元 / 平方米

❶ 皮革软包

❷ 羊毛地毯

❸ 印花壁纸

❹ 白枫木饰面板

❺ 雕花茶镜

❻ 白枫木装饰线

❼ 艺术地毯

❶ 石膏板浮雕

❷ 白枫木百叶

❸ 金刚板

❹ 木质装饰线描银

❺ 布艺软包

❻ 车边茶镜

❼ 木质踢脚线

① 白枫木装饰线
② 皮革装饰硬包
③ 印花壁纸
④ 金刚板
⑤ 艺术地毯
⑥ 木质花格
⑦ 混纺地毯

① 布艺软包
② 白枫木饰面板
③ 艺术地毯
④ 车边银镜
⑤ 箔金壁纸
⑥ 肌理壁纸
⑦ 金刚板

▶ 不同的肌理壁纸，因反射光的空间分布不同，会产生不同的光泽度和物体表面感知性，因此会给人带来不同的心理感受。例如，细腻光亮的质面，反射光的能力强，会给人轻快、活泼、欢乐的感觉；平滑无光的质面，由于光反射量少，会给人含蓄、安静、质朴的感觉；粗糙有光的质面，由于反射光点多，会给人缤纷、闪耀的感觉；而粗糙无光的质面，则会使人感到生动、稳重和悠远。

参考价格：规格 5.3 平方米 / 卷 90~260 元

❶ 胡桃木饰面板

❷ 白枫木装饰线

❸ 皮革软包

❹ 羊毛地毯

❺ 印花壁纸

❻ 金刚板

❼ 艺术地毯

## 如何进行软包背景墙的施工

软包材质的背景墙具有一定的吸声效果，它打破了普通墙面给人的坚硬感觉，同时赋予了墙面立体凹凸感。软包背景墙施工流程如下：

1. 铺基板：先在墙面铺一层基板，方便软包型条的固定。

2. 钉型材：将型条按墙面画线铺钉，遇到交叉时在相交位置将型条固定面剪出缺口以免相交处重叠。遇到曲线时，将型条固定面剪成锯齿状后弯曲铺钉。

3. 铺放海绵：按照型条的尺寸填放海绵。将面料剪成软包单元的规格，根据海绵的厚度略放大边幅。

4. 插入面料：将面料插入型材内。插入时不要插到底，待面料四边定形后可边插边调整。如果面料为同一款素色面料，则不需要将面料剪开，先将中间部分夹缝填好，再向周围延展。紧靠木线条或者相邻墙面时可直接插入相邻的缝隙，插入面料前，应在缝隙边略涂胶水。如果没有相邻物，则将面料插入型条与墙面的夹缝，若面料较薄，则剪出一长条面料粘贴加厚，再将收边面料覆盖在上面，插入型条与墙面的夹缝，这样从侧面看上去就会平整美观。

**1** 皮革软包

**2** 白枫木百叶

**3** 金刚板

**4** 木质踢脚线

**5** 石膏装饰浮雕

**6** 白枫木饰面立柱

**7** 印花壁纸

① 皮革软包

② 金刚板

③ 白枫木装饰线

④ 印花壁纸

⑤ 茶色镜面玻璃

⑥ 车边银镜

⑦ 羊毛地毯

❶ 印花壁纸

❷ 木质花格贴灰镜

❸ 雕花烤漆玻璃

❹ 石膏顶角线

❺ 艺术地毯

❻ 白枫木饰面板

❼ 金刚板

① 布艺软包

② 白枫木装饰线

③ 雕花茶镜

④ 肌理壁纸

⑤ 金刚板

⑥ 皮革软包

⑦ 印花壁纸

羊毛地毯的手感柔和，弹性好，色泽鲜艳，且质地厚实，抗静电性能好，不易老化褪色。但它的防虫性、耐菌性和耐潮湿性较差。羊毛地毯有较好的吸声能力，可以降低各种噪声。毛纤维热传导性很低，热量不易散失，因此具有很强的保暖性能。羊毛地毯还能调节室内的干湿度，并具有一定的阻燃性能。

参考价格：规格 1200 毫米 ×1700 毫米　680~950 元

❶ 布艺软包

❷ 木质踢脚线

❸ 皮革软包

❹ 白枫木装饰线

❺ 木质装饰线描银

❻ 金刚板

❼ 艺术地毯

1 布艺软包
2 白枫木格栅贴茶镜
3 木质踢脚线
4 印花壁纸
5 金刚板
6 白枫木饰面板
7 木质花格

❶ 皮革软包

❷ 白枫木饰面板

❸ 车边灰镜

❹ 金刚板

❺ 箔金壁纸

❻ 不锈钢条

❼ 混纺地毯

① 布艺装饰硬包

② 木质踢脚线

③ 条纹壁纸

④ 装饰银镜

⑤ 艺术地毯

⑥ 金刚板

⑦ 红樱桃木装饰立柱

❶ 布艺软包

❷ 车边茶镜

❸ 胡桃木饰面板

❹ 浮雕壁纸

❺ 金刚板

❻ 红樱桃木百叶

❼ 艺术地毯

## 如何选购纯毛地毯

① 木质装饰线描银

② 布艺软包

③ 艺术地毯

④ 金刚板

⑤ 印花壁纸

⑥ 羊毛地毯

⑦ 白枫木饰面板

1. 看原料：优质纯毛地毯的原料一般是精细羊毛纺织而成，其毛长且均匀，手感柔软，富有弹性，无硬根；劣质地毯的原料往往混有发霉变质的劣质毛以及腈纶、丙纶纤维等，其毛短且根粗细不均，用手抚摸时无弹性，有硬根。

2. 看外观：优质纯毛地毯图案清晰美观，绒面富有光泽，色彩均匀，花纹层次分明，毛绒柔软，倒顺一致；而劣质地毯则色泽黯淡，图案模糊，毛绒稀疏，容易起球粘灰，不耐脏。

3. 看脚感：优质纯毛地毯脚感舒适，不黏不滑，回弹性很好，踩后很快便能恢复原状；劣质地毯的弹力往往很小，踩后复原极慢，脚感粗糙，且常常伴有硬物感觉。

4. 看工艺：优质纯毛地毯的工艺精湛，毯面平直，纹路有规则；劣质地毯则做工粗糙，漏线和露底处较多，其重量也因密度小而明显低于优质品。

❶ 黑色镜面玻璃

❷ 木质踢脚线

❸ 车边银镜

❹ 条纹壁纸

❺ 艺术地毯

❻ 布艺软包

❼ 白枫木饰面板

1 箔金壁纸

2 装饰壁布

3 艺术地毯

4 有色乳胶漆

5 金刚板

6 直纹斑马木饰面板

7 皮革软包

❶ 白枫木装饰线

❷ 布艺软包

❸ 金刚板

❹ 车边银镜

❺ 艺术地毯

❻ 直纹斑马木饰面板

❼ 白枫木饰面垭口

皮纹砖是仿动物原生态皮纹的瓷砖。皮纹砖克服了瓷砖坚硬、冰冷的材质局限，让人从视觉和触觉上可以体验到皮革的质感。其凹凸的纹理、柔和的质感，让瓷砖不再冰冷、坚硬。皮纹砖属于瓷砖类的一种产品，是时下一种时尚和潮流的象征。皮纹砖有着皮革的质感与肌理，还有着皮革制品的缝线、收口、磨边，让喜好皮革的追慕者在居家装饰中实现温馨、舒适、柔软的梦想。

**参考价格：规格 600 毫米 ×600 毫米 18~30 元 / 片**

❶ 皮纹砖

❷ 白枫木饰面板

❸ 浮雕壁纸

❹ 红樱桃木饰面板

❺ 艺术地毯

❻ 白枫木装饰线

❼ 金刚板

1 艺术地毯

2 布艺软包

3 有色乳胶漆

4 印花壁纸

5 车边银镜

6 石膏装饰浮雕

7 白枫木百叶